DEUTSCHE AKADEMIE DER WISSENSCHAFTEN ZU BERLIN

Institut für deutsche Sprache und Literatur

WÖRTERBUCH DER DEUTSCHEN TIERNAMEN

herausgegeben von

Wilhelm Wissmann

BEIHEFT 4

SPANISCHE FLIEGEN UND MAIWÜRMER

von Wolfgang Pfeifer

AKADEMIE-VERLAG · BERLIN

1966

Erschienen im Akademie-Verlag GmbH, 108 Berlin, Leipziger Straße 3–4

Lizenznummer: 202 · 100/106/66
Gesamtherstellung: VEB Druckhaus „Maxim Gorki", 74 Altenburg
Bestellnummer: 3044/B 4 · ES 7 D + 18 G 3
Preis: 3,90

INHALT

Hildegard v. Bingen (12. Jh.) berichtet von einem Tier namens *Meygelana* (Physica 6,71)[1]. Es wird als Heilmittel verordnet, und sein Gift dient, in Wein oder Wasser eingenommen, als Medikament gegen Skrofeln: *De Meygelana. Meygelana frigida est. Si autem scrofulae in homine sunt, ille vermiculum hunc tollat, et venenum, quod in eo est exprimat, et huic minus de pulvere Meygelanae addat, et aut in vino aut in aqua illud modice bibat, et statim velut sagitta putredinem scrofularum invadit et eas consumit.*

Was ist *meygelana*? An vergleichbare Parallelen läßt sich die Namensform zunächst nicht anknüpfen. Eine Beschreibung des Tieres fehlt. Hildegard behandelt diesen *vermiculus* — wie andere fliegende Insekten — in dem Abschnitt *De Avibus*, ziemlich an dessen Ende nach *wespa* und *glimo*, nach 'Wespe' und 'Leuchtkäfer'. Eine genauere Bestimmung des kleinen, fliegenden Insekts muß über den geschilderten medizinischen Gebrauch versucht werden. Es ist, soweit sich erkennen läßt, eine der ersten Erwähnungen eines alten, animalischen Heilmittels in deutscher Sprache. Es ist zu prüfen, ob Hildegards *meygelana* als die in den Texten der Antike häufig genannte *cantharis* angesehen werden muß.

Cantharis

Griech. κανθαρίς, lat. *cantharis* bezeichnet einen Käfer, der einen Giftstoff enthält.[2] Man nimmt an, daß es sich dabei möglicherweise um die Spanische Fliege (*Lytta vesicatoria* L.) oder

[1] Migne PL 197, 1311.

[2] „scarabaeus vel vermiculus venenatus", Thesaurus Ling. Lat. 3, Sp. 280.

um einen Käfer aus der verwandten Gattung *Meloe* L.[1] handelt, auf jeden Fall aber um Arten aus der Familie *Meloidae*. Die Meloiden[2] enthalten in ihrem Körper eine starke, giftige Substanz, das Kantharidin[3], das stark reizend wirkt und heftige Entzündungen hervorruft.

Auf die menschliche Haut gebracht, erzeugt der Käfer (bzw. das Kantharidin) nach 1 bis 3 Stunden Rötung. Danach entstehen kleine Bläschen, die sich (nach etwa 8 bis 12 Stunden) zu einer großen Blase vereinigen. Bei entsprechend langer Einwirkung oder auch bei Applikation auf wunde Hautstellen entwickeln sich Hautentzündung und Geschwüre mit anschließender Eiterung. Interne Anwendung führt zu Brennen im Magen, vermehrtem Drang zum Harnlassen und zu Prickeln an der Urethralmündung. Starke Dosierung verursacht ein Gefühl von Brennen im Munde, Schlund und Magen, verstärkt den Speichelfluß, zuweilen mit Schwellung der Speicheldrüsen, erschwert Sprechen und Schlingen und steigert, infolge Schluckbeschwerden und hydrophobischer Reaktionen, das Durstgefühl. Es folgen Erbrechen, zuweilen schleimig-blutiger Durchfall, verstärkter Harnzwang (Strangurie), bisweilen auch Harnverhaltung, begleitet von Schmerzen in der Nierengegend und der Blase. Oft stellt sich schmerzhafter Priapismus ein; Schwangere bekommen Blutungen aus dem Uterus, zuweilen Abortus. Hinzu treten meist Mattigkeit, Kopfschmerz, beschleunigter Puls, Atemnot (Dyspnoe), Schwindel, Zittern und Konvulsionen, Koma, schließlich Tod.[4]

Die blasenziehende Wirkung der Insekten konnte gewiß bei längerer Berührung der Käfer mit der Hand leicht bemerkt wer-

---

[1] "a kind of beetle, prob. blister-beetle, *Cantharis vesicatoria*" LIDDEL-SCOTT, A Greek-English Lexicon (1948) 1, 874.

[2] Siehe Twb Insekten, s. v. *Meloidae*; vgl. auch Beiheft 1 (1963) 19.

[3] „Spezifischer ätzender und blasenziehender Anhydrid ($C_{10}H_{12}O_4$) im Blute der *Meloidae* ... Für Menschen ist das Cantharidin bei 0,03 g Dosis tödlich" v. KÉLER, Entomol. Wb. ([2]1956) 116.

[4] Real-Encyclopädie d. gesamten Heilkunde 4 ([3]1894) 253f.

den. „Und da selbst im Altertum diejenigen Substanzen, welche sich schon äußerlich durch eine scharfe Wirkung kennzeichnen, in empirischer Weise zu Heilversuchen benutzt wurden, so ist es nicht wunderbar, daß wir über den Gebrauch und die Wirkung der Canthariden eine bis ins Altertum reichende Kenntnis besitzen.“[1] Die alte medizinische Literatur zeigt in der Tat eine ausgedehnte therapeutische Anwendung der Kanthariden durch die antiken Ärzte, die sich keineswegs auf äußere Applikation beschränkt. Die häufig empfohlene interne Anwendung läßt vielmehr eine detaillierte Kenntnis von der Gestalt und von den Eigenschaften und Wirkungen jener Käfer schon in den ältesten Zeiten erkennen.[2] Daher gehören die Kanthariden zu der verhältnismäßig kleinen Zahl von Insekten, über die in einer nahezu lückenlosen Überlieferung von mehr als 2 Jahrtausenden berichtet wird. Während die Zahl der gegenwärtig bekannten rezenten Insektenarten etwa 750000 beträgt[3], beschrieb LINNÉ (18. Jh.) deren nur etwa 2000.[4] Entomologische Darstellungen des 17. Jahrhunderts behandeln dagegen kaum mehr als 300 Arten, meistens sehr viel weniger. Das ist eine verhältnismäßig bescheidene Summe gegenüber den heutigen Kenntnissen. Dem sprunghaften Anstieg der Zahl bekannter Insekten gehen Jahrhunderte voraus, in denen der Insektenbestand ziemlich konstant geblieben und nur geringfügig über das aus der Antike überlieferte Maß hinausgewachsen ist. Zu diesen traditionsgebundenen Insekten gehört die *cantharis*. Selbst Abhandlungen, Sammlungen, Glossen mit nur wenig Beispielen gehen selten an *cantharis* vorüber. Zoologische und medizinische Werke berichten von ihr gleichermaßen; die einen geben in erster Linie eine Beschreibung des Tieres, fußend auf ARISTOTELES, die anderen er-

---

[1] LIEBREICH, Die Wirkung d. cantharidinsauren Salze, in: Therap. Monatsh. (1891) 171.

[2] STEIDEL, Über d. innere Anwendung der Canthariden (Med. Diss. Berlin 1891) 5.

[3] FRIESE, Insekten (1964) 27.

[4] FRIESE 15.

wähnen vorwiegend ihre therapeutische Verwendung, zurückgehend auf HIPPOKRATES.

Doch die Angaben des ARISTOTELES sind für eine genaue Deutung des κανθαρίς genannten Tieres wenig ergiebig. Er verweist einmal auf Insekten, die ihre Flügel unter einer Decke (κολεός) haben, meint also Käfer, und führt als Beispiele μηλολόνθη, κάραβος und κανθαρίς an.[1] Diese drei sind offenbar als gut bekannte, als typische Vertreter der von ARISTOTELES erkannten Gruppe *Coleoptera* (Käfer) anzusehen; μηλολόνθη ist (nach 5,102) ein Mistkäfer[2] und κάραβος (nach 4,74) ein Bockkäfer[3]. Von κανθαρίς wird (5,24) weiter berichtet, daß ihre Paarung wie die der Fliegen und vieler anderer Insekten längere Zeit dauere, und daß sie entstehe (nach 5,104) aus Raupen bzw. Würmern, die sich an Feigen, Birnen und Fichten befinden; sie gehe stark riechenden Stoffen nach, weil sie selbst aus solchen Stoffen entstanden sei. Diese Angaben allein reichen nicht hin, in κανθαρίς hier mit Sicherheit einen Käfer der Familie *Meloidae* zu sehen. Gerade die auffälligsten und die — wie wir sehen werden — dem Altertum wohl bekannten Eigenschaften der Giftigkeit und der blasenziehenden Wirkung bleiben seltsamerweise unerwähnt.

Die Herkunft des Wortes griech. κανθαρίς ist „nicht sicher erklärt“[4]. Es muß zunächst als Ableitung von griech. κάνθαρος angesehen werden, ein Wort, das mehrfach einen Mistkäfer, aber auch in allgemeinerem Sinne größere Käfer schlechthin bezeichnet. Die Deutung STRÖMBERGS[5], der κάνθαρος als ‘Eselskäfer’ auffaßt und an griech. κάνθων ‘Esel’ anknüpft[6],

[1] Hist. Anim. 4, 68. [2] Vgl. Twb Insekten, s. v. *Geotrupes*.

[3] Vgl. Twb Insekten, Sp. 114.

[4] FRISK, Griech. etym. Wb. 1 (1960) 776f. s. v. κάνθαρος. Vgl. auch die Zusammenstellung verschiedener Herleitungsversuche bei FERNANDEZ, Nombres de Insectos en Griego antiguo (1959) 226ff.

[5] Griech. Wortstudien (1944) 10f.

[6] Schon im Suda wird κάνθαρος auf κάνθων zurückgeführt, der zweite Bestandteil des Wortes freilich — offensichtlich unrichtig — an θορός ‘Same’ angeschlossen.

gewinnt durch den in der Antike verbreiteten Glauben von der Entstehung der Käfer aus Eselleibern[1] an Wahrscheinlichkeit. Beide Namen, κάνθαρος und κανθαρίς, sind hinsichtlich ihrer Bedeutung in die heutige Begriffswelt, die die Dinge nach modernen Kenntnissen gliedert und benennt, nicht ohne weiteres einzuordnen. Denn wie griech. κάνθαρος entweder alle größeren Käfer oder aber den Mistkäfer als deren typischen Vertreter bezeichnen kann, meint griech. κανθαρίς entweder alle kleineren Käfer, im Sinne von 'Käferchen', oder aber ein Exemplar der medizinisch verwendeten Meloiden, d. h. nach heutigem Sprachgebrauch einen Pflaster- oder Ölkäfer, eine Spanische Fliege.

Angesichts dieser Verwendungsweise ist es keinesfalls erwiesen, daß ARISTOTELES bei der Erwähnung von κανθαρίς speziell an — wie man heute allgemein anzunehmen geneigt ist — einen Ölkäfer, eine Spanische Fliege denkt. Zwar könnte der Hinweis auf eine lange währende Begattungszeit den Gedanken an *Meloidae* nahelegen[2], doch wird diese Aussage ausdrücklich auf alle Insekten bezogen. Sie wird damit von ARISTOTELES selbst relativiert und verliert für die Bestimmung der κανθαρίδες an kennzeichnendem Wert. Der Aufenthalt auf Feige, Birne und Fichte ist ebenfalls für *Meloidae* nicht unbedingt typisch. Und auch die behauptete Vorliebe der Käfer für übelriechende Dinge, aus denen sie entstanden seien, besagt nicht viel und kann sich auf jede Art Mistkäfer, Aaskäfer u. dgl. beziehen. Nur wenn man diese Bemerkung dahingehend interpretieren wollte, daß κανθαρίδες selbst mit einem auffallenden Geruch behaftet sind, kann man auf *Meloidae* geführt werden. Viele Arten dieser Familie machen sich, zumal wenn sie, ihrer Neigung folgend, in Schwärmen beisammen sind, weithin durch einen

---

[1] Zum Beispiel ORIGENES, Contra Celsum 4, 57 und 59. Zur Verbreitung und Überlieferung dieser oder ähnlicher Anschauungen vgl. Beiheft 1 (1963) 29ff.

[2] So wurde nach ESCHERICH, Die Forstinsekten Mitteleuropas 2 (1923) 197, für *Lytta vesicatoria* L. eine Begattungszeit von „mehreren Stunden, ja Tagen" beobachtet.

eigentümlichen Geruch bemerkbar.[1] Zwingend aber ist die zuletzt vorgetragene Textauffassung nicht.

Das Wort κανθαρίς „bedeutet eigentlich nichts als 'Käferchen'"[2]. So kennen THEOPHRAST[3] und HESYCH[4] eine κανθαρίς als schädliches kleines Tier auf Getreide, dem Weinstock und überhaupt in den Gärten. Auch der nicht näher bestimmbare Getreideschädling des PLINIUS (*cantharis dictus scarabaeus parvus, frumenta erodens*)[5] ist hierher zu rechnen. Die κανθαρίς des ARISTOTELES ist daher ebenfalls in einem weiteren Sinne aufzufassen, als man bisher gemeinhin angenommen hat. Sie meint eine Käfergruppe, die, im Gegensatz zu den größeren κάνθαροι, kleinere oder weniger plumpe Exemplare umfaßt, zu der freilich auch die therapeutisch verwendeten κανθαρίδες, die Pflasterkäfer und Spanischen Fliegen also, zu rechnen sind.

Denn die κανθαρίς der Mediziner muß ARISTOTELES gekannt haben. Sie ist bei den Hippokratikern ein so geläufiges und häufig verordnetes Heilmittel, daß man daraus auf einen langen vorhippokratischen Gebrauch in der Volksmedizin schließen möchte. Das Corpus Hippocraticum kennt κανθαρίς als Bestandteil von Salben und Zäpfchen in äußerlicher und als Bestandteil von Heiltränken in innerlicher Anwendung. Zur Bereitung der Heilmittel werden drei, vier oder fünf Kanthariden empfohlen, die stets ohne Kopf, ohne Beine und ohne Flügel zu verwenden

---

[1] „. . . als die Spanische Fliegen . . . immer stincken, daß man sich ihnen nicht nähern mag" FRISCH, Beschreibung von allerley Insecten 6 (1727) 15; sie verraten „sich schon aus der Ferne durch einen eigentümlichen, scharfen und betäubenden Geruch" STEIDEL 6; „der scharfe, oft schon von weitem wahrnehmbare Mäusegeruch" CALWER, Käferbuch ([6]1916) 750; „mit durchdringendem widerlichem Geruch" REITTER, Der Käfer (1960) 53.

[2] KELLER, Die antike Tierwelt 2 (1913) 414; so auch („escarabajillos") FERNANDEZ 65.

[3] Hist. Plant. 8, 10, 1.

[4] Ed. Schmidt (1867) 807.

[5] Nat. hist. 18, 152. — Dazu vgl. STEIER, Aristoteles u. Plinius, Studien zur Geschichte d. Zoologie (1913) 94.

sind (ἀφελὼν τὴν κεφαλὴν ἑκάστης, καὶ πόδας καὶ πτερὰ)[1]; sie müssen zerrieben bzw. zerstoßen und mit jeweils verschiedenen anderen Ingredienzen vermischt werden. Ein auf diese Weise gewonnenes φάρμακον benutzt man zum Aufstreichen (ἐπαλείφειν)[2], also als Wundsalbe. Häufiger wird ein mit Kanthariden hergestelltes Zäpfchen (προσθετόν) verordnet, das in der Frauenheilkunde „der weiblichen Reinigung" dient[3] und auch als Mittel gegen Unfruchtbarkeit gilt[4]; es ist anzuwenden bei Suppressio Mensium, zur Beschleunigung der Nachgeburt oder zur Ausstoßung eines abgestorbenen Fetus[5]. Kanthariden helfen gegen die gleichen Beschwerden auch bei innerlicher Anwendung, wozu ein Trank aus den in Wein zerriebenen Rümpfen von drei oder vier Käfern zu bereiten ist, dem einige weitere Wirkstoffe beizufügen sind[6]. Ein Kantharidentrank hilft schließlich bei Wassersucht (Hydrops)[7] und bei Gelbsucht[8]. Daß sich nach dem Genuß von Kanthariden Schmerzen und Strangurie einstellen können, war den Hippokratikern nicht unbekannt. Als Gegenmittel werden heiße Bäder und ein reizmilderndes Getränk aus Honig und Wasser empfohlen.[9]

Die Wirkung eines Kantharidentrankes beschreibt anschaulich Nikander[10]. Er bewirke ein Brennen in Mund, Schlund und Magen; in der Leibeshöhle und in der Blase stelle sich beißender Schmerz ein, die Patienten geraten in Wut und werden von Angst und Geistesverwirrung befallen. Ähnlich sagt Scri-

---

[1] Œuvres complètes d'Hippocrate, ed. Littré 2, 512 (De diaeta acut. 26).

[2] 6, 418 (De ulceribus 16).

[3] 7, 428 (De nat. mul. 109); 8, 400 (De mul. morb. 206).

[4] 8, 426 u. 427 (De mul. morb. 221).

[5] 7, 338; 361 (De nat. mul. 18; 32). 8, 158; 176; 178; 209; 220 (De mul. morb. 74; 78; 84; 91).

[6] 7, 324 (De nat. mul. 8). 8, 182; 306 (De mul. morb. 78; 135).

[7] 2, 512 (De diaeta acut. 26).

[8] 7, 258 (De affect. int. 36).

[9] 7, 324 (De nat. mul. 8).

[10] Alexipharm. 115ff.

BONIUS LARGUS[1], daß eine durch *cantharides* verursachte Vergiftung zu Hämaturie führe, der ein brennender Schmerz in der Magengegend vorausgehe. Therapeutisch verwendet SCRIBONIUS die *cantharis* äußerlich; er berichtet von der Beseitigung eines verunglimpfenden Brandmals durch aufgelegte Kanthariden. DIOSKURIDES[2] empfiehlt κανθαρίς gegen Krebs, Lepra und bösartige Flechten und setzt dabei offenbar äußerliche Anwendung voraus. Als Bestandteil von Zäpfchen befördern Kanthariden die Menses. Er kennt auch ihre diuretische Wirkung, weshalb sie als Mittel gegen Wassersucht geeignet seien. Die nach der hippokratischen Rezeptur entfernten Flügel und Beine sind nach DIOSKURIDES ein brauchbares Antidot bei Vergiftung mit Kanthariden. Eine pseudodioskuridische Schrift über Gifte und Gegengifte[3] schildert ausführlich die Symptome (χαλεπώτατα σημεῖα), die nach der Einnahme von Kanthariden auftreten. Vom Mund bis zur Blase scheint alles zerfressen zu sein; die Betroffenen leiden an Harnverhaltung, oft ist der Urin mit Blut vermischt, im Unterleib stellen sich heftige Schmerzen ein. Ohnmachten, Übelkeit und Schwindel treten auf, und zuletzt verlieren sie den Verstand. Soll den Betroffenen geholfen werden, so ist für Ausscheidung des Giftes zu sorgen. Es muß Erbrechen herbeigeführt werden, ein Klistier, Abführmittel und reizmildernde Getränke sind einzugeben.

PLINIUS[4] weiß von den Kanthariden, daß sie selbst giftig sind (*ipsae venena sunt potae* 29,93), ihr Gift aber heilkräftige Wirkung besitzt (*venenum hoc remedia secum habet* 11,118). Im Gegensatz zu den Hippokratikern, die die Kanthariden ohne Kopf, Beine und Flügel verordnen, hält PLINIUS die Flügel für medizinisch wirksam (*alae medentur* 11,118, *ipsarum cantharidum venenum in qua parte sit, non constat inter auctores; alii in pedibus et in*

---

[1] RINNE, Das Receptbuch des Scribonius Largus, Hist. Studien d. Univ. Dorpat 5 (1896) 88.

[2] De mat. med. 2, 61 (ed. Wellmann 1, 139f.).

[3] De venenis 1 (Medicorum Graec. Opera, ed. Kühn 26, 2, 15f.).

[4] C. PLINIUS SECUNDUS, Naturalis Historia, ed. Mayhoff, Leipzig (Teubner).

capite existimant esse, alii negant; convenit tantum pinnas earum auxiliari, in quacumque parte sit venenum 29,94). Ein Kantharidentrank befördert die Menses und führt Diurese herbei (*dicuntur et menses ciere et urinam* 29,95), er wird daher auch bei Wassersucht eingegeben. Seine Gefährlichkeit bekräftigt PLINIUS mit dem Hinweis auf den römischen Ritter Cossinus, der an einem ärztlich verordneten Kantharidentrank verstorben sei (29,93). Eine große Zahl von Gegenmitteln bei Kantharidenvergiftung wird angeführt.[1] Daher scheint PLINIUS äußerliche Anwendung vorzuziehen (*verum inlitas prodesse non dubium est* 29,93). Die Wirksamkeit der Kanthariden besteht darin, den Körper zu brennen (*vis earum adurere corpus* 29,95); sie helfen gegen Flechten und Lepra (29,95; 30,120), sie bilden einen Bestandteil von Einreibemitteln gegen Haarausfall (29,110), gegen Warzen (30,81) und gegen Geschwülste (30,75). Doch darf man die Wunden und Geschwüre, die sich einstellen, wenn Kanthariden auf die Haut gebracht werden, nicht zu groß werden lassen. Anschließende Wundpflege ist erforderlich.

CELSUS[2] nennt die Kanthariden brennend (5,8); er empfiehlt, sie einer Arznei gegen Ausschlag (*papulae* 5,28) und einem Heilmittel gegen Geschwüre und septische Wucherungen (*ad putrem carnem* 5,22) beizugeben. PAULUS AEGINETA wiederholt die bekannten Symptome einer Vergiftung mit Kanthariden[3] und berichtet, ohne neue Erkenntnisse beizusteuern, über die hergebrachten Anwendungsverfahren[4].

Die Frage, welches die wirksamen und heilkräftigen Teile der Kanthariden sind, beschäftigt die alten Gelehrten immer wieder. GALEN[5] weiß, daß einige allein Flügel und Beine für therapeutisch bedeutsam halten und sie als Gegenmittel bei

---

[1] Nat. Hist. 20, 133; 20, 220; 23, 29; 23, 62; 23, 87; 28, 128; 28, 160; 29, 105.
[2] Medicina, ed. Marx (Corpus medicorum Latinorum I [1915]).
[3] Ed. Heiberg, 5, 31 (Corpus medicorum Graecorum IX, 2 [1924] 27).
[4] 7, 3 (IX, 2, 220).
[5] De simpl. medicam. temperamentis ac facultatibus 11, 44 (Medicorum Graec. Opera, ed. Kühn 12, 363f.).

Kantharidenvergiftung empfehlen, — wie DIOSKURIDES berichtete. GALEN aber erklärt, daß er selbst die Käfer als ganze anwende. Sie bilden die wesentlichen Bestandteile von Salben und Pflastern, heilen Krätze und Aussatz und wirken als harntreibendes Mittel.

Von einem Todesfall nach Anwendung von Kanthariden schreibt GREGOR v. TOURS.[1] Ein Ausschlag (*pusulae*) an den Schienbeinen wird mit einem überaus starken Kantharidenpflaster behandelt (*cantaredarum cataplasma nimium valida*). Die Beine beginnen darauf zu eitern, und der Patient stirbt, — ob von dem Pflaster, dem Ausschlag oder von der dem Ausschlag vorausgegangenen Krankheit, bleibt dahingestellt. Doch macht GREGOR offensichtlich die radikale Behandlung mit Kanthariden für den Tod verantwortlich.

So sind Kanthariden im ganzen Altertum als Heilmittel, aber auch als tödlich wirkendes Gift bekannt, weit über den Kreis der Naturkundigen und der Ärzte hinaus. Die *cantharis* wird oft zum literarischen Bild und gilt als das kleine, unscheinbare Tierchen, in dem sich die Kraft und die Fähigkeit verbirgt, einen Menschen zu töten.[2] VALERIUS MAXIMUS erzählt von Theodor von Kyrene, der dem ihn mit dem Tode bedrohenden Lysimachos spöttisch entgegnet: „Wahrhaftig, das kann jede Kantharide auch!“[3] Die gelehrten Angaben behandeln meist die medizinische Verwendung der Kanthariden; zoologisch-beschreibende Bemerkungen sind dagegen selten. Auf den Bericht des ARISTOTELES[4] beruft sich AELIAN, der die Kanthariden auf Pappeln und Feigenbäumen lokalisiert, aber auch — und das ist mehr, als ARISTOTELES überliefert — in Weizenfeldern.[5]

---

[1] Historiarum lib. 6, 15.

[2] Vgl. TERTULLIAN, Adv. Marconium 1, 14, 1 (Corpus Christianorum, Ser. lat. 1 [1954] 455); HIERONYMUS, Adv. Rufinum 3, 42 (Migne PL 23, 488).

[3] Factorum et Dictorum Memorab. Lib. 6, 2, 3 (ed. Kempf [1854] 481): „*Enimvero magnifica res tibi contigit, quia cantharidis vim adsecutus es.*“

[4] Siehe oben S. 8.

[5] De nat. anim. 9, 39.

Das führt in die Nähe von NIKANDER, der die Kanthariden getreidefressend (σιτηβόροι) kennt.[1] Auch DIOSKURIDES will seine zu Heilzwecken verwendeten Käfer vom Getreide (τοῦ σίτου) gewinnen.[2] Kanthariden (*cantharidas vermiculi*) finden sich nach PLINIUS an Feigen, Birnen, Fichten, Hundsrosen und Rosen[3], am häufigsten an der Esche[4]. Dagegen dürfte der *vermiculus in spongea maxime cynorrhodi*[5] ein Wurm in der moosartigen Galle der Hundsrose sein, d. h. die Larve einer Gallwespe und nicht eine Kantharide, wie PLINIUS vermutet.

Nur spärlich sind die Angaben, die etwas über das Aussehen der Käfer verraten. DIOSKURIDES[6] unterscheidet bunte und einfarbige Arten. Die bunten zeigen schräge, gelbe Streifen auf ihren Flügeln; sie sind länglich, groß und fett wie die Schaben (σίλφαι) und wirksamer als die weniger kräftigen einfarbigen. Dasselbe überliefert PLINIUS[7], der gleichermaßen die gelbgestreiften, fetten Arten für die kräftigsten (*potentissimae*) hält und die mageren, einfarbigen Exemplare für unbrauchbar (*inutilissimae*) erklärt. Auch GALEN[8] empfiehlt zur Heilbehandlung die mit schrägen, gelben Linien auf den Flügeln. Für eine genaue Artbestimmung reichen diese Hinweise ebensowenig aus wie die verschiedenen als bevorzugte Aufenthaltsorte genannten Bäume und Sträucher. Manche der im südlichen Europa beheimateten Meloiden sind entweder gelb gemustert oder einfarbig. Sie alle enthalten Kantharidin in mehr oder weniger starker Konzentration. Mehrere bisher unternommene Determinationsversuche haben zu unterschiedlichen Ergebnissen geführt, so daß es fraglich scheinen will, ob sich überhaupt die

---

[1] Alexipharm. 115.
[2] De mat. med. 2, 61.
[3] Nat. hist. 11, 118.
[4] Nat. hist. 29, 94.
[5] Nat. hist. 29, 94.
[6] A. a. O.
[7] Nat. hist. 29, 94.
[8] A. a. O.

„bunten“ und die „einfarbigen“ auf zwei eindeutig bestimmbare Species zurückführen lassen. Man wird sich damit begnügen müssen, in den Kanthariden des Altertums nicht mehr sehen zu können, als zwei Gruppen einiger Käferarten der Familie *Meloidae*, die auf Grund ihres Kantharidingehaltes in der Medizin frühzeitig Verwendung gefunden haben. Die eine Artengruppe dieser Käfer ist gelbstreifig oder gelbgemustert, die andere einfarbig, ohne daß sich über ihren Farbton etwas aussagen ließe.

Beachtenswert ist jedoch die von PLINIUS geäußerte Bemerkung, daß die Käfer vorzugsweise auf Eschen (*in fraxino* 29,94) angetroffen würden. Der „Käfer an der Esche“ läßt an die Spanische Fliege in eigentlichem Sinne (*Lytta vesicatoria* L.) denken, die besonders gern Liguster und Eschen befällt und deren Laubwerk oft bis zum Kahlfraß vernichtet. Spätantike Glossare[1] interpretieren entsprechend das Lemma *cantharis* bzw. *cantharidae* als Wurm an der Esche: *uermis in fraxino* (3, 588, 14), *id est uermis ex frassino* (3, 610, 2), oder noch deutlicher in beinahe naturwissenschaftlicher Exaktheit: *muscas uirides in fraxino* (3, 559, 12). Man wagt nicht mehr zu zweifeln, die zoologische Bestimmung führt in diesen Fällen eindeutig zur Spanischen Fliege, zu *Lytta vesicatoria* L. Die Spanische Fliege[2] aus der Familie *Meloidae* ist von schlanker, langgestreckter Gestalt (12 bis 21 mm) mit schmalen, parallelen Flügeldecken. Der Käfer ist ganz metallisch grün gefärbt, in der Sonne oft von grünem, manche Exemplare auch von rotem oder kupferigem Goldglanze. Als seinen Aufenthaltsort bevorzugt er Eschen, Liguster, Flieder, im südlichen Europa auch Ölbaumgewächse. Meist tritt *Lytta vesicatoria* herdenweise auf und befällt einzelne Bäume in Massen. Der Käfer enthält, wie alle Meloiden, in seinem Körper Kantharidin, wird darum seit Jahrhunderten für Heilzwecke gesammelt und ist noch heute in getrocknetem, aber sonst unversehrtem Zustande in Apotheken erhältlich. Die ge-

---

[1] Corpus Glossariorum Latinorum, ed. Goetz (1888ff.).

[2] Siehe Twb Insekten, s. v. *Lytta vesicatoria*.

nannten spätantiken Glossen entbehren aller Angaben über die medizinische Wirksamkeit und Verwendung, sie bringen stattdessen eine zwar sehr kurze, aber zu einer Artbestimmung ausreichende Beschreibung der *cantharis*. Sie lösen sich von den zwei Meloidengruppen, den „bunten" und den „einfarbigen", der antiken Darstellungen. Hier ist *cantharis* zum ersten Male als *Lytta vesicatoria* L. faßbar, die von nun an in der Überlieferung mit *cantharis* verbunden bleibt.

Zwar führt Isidor (7. Jh.) noch einmal die Wirkung einer auf die Haut gebrachten Kantharide vor, ohne eine kurze, wenigstens andeutende Bemerkung über Aussehen oder Lebensweise anzugeben: *Cantharida vermis terrenus qui humano corpori statim fuerit applicatus, sui adustione vesicas efficit plenas humore.*[1] Wie üblich folgt ihm darin nahezu wörtlich Hrabanus Maurus (9. Jh.), der *cantharis* ebenfalls als *vermis terrenus* interpretiert.[2] Eine altdeutsche Glosse[3] des 14. Jahrhunderts gibt entsprechend für *cantharides* lediglich als deutsche Übersetzung *wurme* (3, 528, 23). Aber an anderer Stelle führt ein Interpretamentum des 13. Jahrhunderts mit der Bezeichnung *guldene wurme* (3, 539, 9) wieder zur goldglänzenden Spanischen Fliege, zu *Lytta vesicatoria* L.

Eine schöne und ausführliche Beschreibung liefert Albertus Magnus (13. Jh.): *Cantarides vermes sunt virides, auri colore superlucentes et nascuntur in summitate ramorum fraxini et alnae arborum ex humore qui est in foliis, et convalescunt corrosione foliorum sicut erucae. Volant autem per diem, nocte vero in unum globum colliguntur: hii vermes in Augusto a medicis colliguntur et in aceto merguntur et servantur ad diversos usus medicinae; alligati enim faciunt pustulas ex quibus fiunt cauteria utilia eo quod multum trahunt* (De anim. 26,13).[4] Das gesamte zoologische

[1] Isidori Hispalensis episcopi etymologiarum sive originum lib. XII, V, 5, hg. v. Lindsay (1911).
[2] De Universo, Migne PL 111, 235.
[3] Die althochdeutschen Glossen, hg. v. Steinmeyer u. Sievers (1879ff.).
[4] Beiträge zur Gesch. d. Philosophie d. Mittelalters 16 (1921) 1585, hg. v. Stadler.

Wissen des Mittelalters über die *cantharis* ist hier vereinigt: Spanische Fliegen (denn so ist der Name *cantarides* gemäß der nachfolgenden Beschreibung des ALBERTUS eindeutig zu übersetzen) sind Insekten (*vermes*[1]) von grüner, goldglänzender Färbung; Aufenthalt und Nahrung finden sie an Esche und Erle, wo sie in Schwärmen erscheinen; sie werden zu Heilzwecken gesammelt. Auf ihre breite medizinische Verwendung wird nur kurz hingewiesen, besonders aber auf ihre brennende und blasenziehende Wirkung aufmerksam gemacht, die zur Ableitung verschiedener Krankheiten nach der Haut diene.

Eine zeitgemäße naturwissenschaftliche Beschreibung in deutscher Sprache gibt KONRAD v. MEGENBERG[2] (14. Jh.): *Von den paumwürmen. Cantarides haizent paumwürm* [v. l. *paumwürmel*], *die zuo obrist auf den esten wahsent an slintpäumeinen paumen* [= Eschen[3]] *oder an andern paumen auz fäuhten. auf den pletern wahsent die würm reht sam die krautwürm auf dem kraut, aber si gewinnent volkumen flügel und vliegent des tages; aber das nahtes besamnent si sich auf ain cleu oder zuo aim kügäll. die würm sint grüen, aber wenn diu sunn scheint, sô sint si goltvar, und dar umb haizt man si auch goltwürm. die würm sament man des nahtes umb den augst und ertrenkt si in ezzich. wenn si nu tôt sint, sô geuzt man wein dar auf und leget si auf ain glit, ez sei fuoz oder hant oder ain ander glit, under ain wähsein köpfel, und sô machent si ain plâtern an der stat. wenn man die plâtern durchsticht an manger stat mit ainer guldeinen nadel oder mit aim hamel, sô gêt all diu poes fäuhten her für, diu in dem glit ist, reht als von aim prand, und ist als guot sam manig prant, der ain jâr wert.* Man sieht, daß der lateinische Text des Liber de natura rerum des THOMAS v. CANTIMPRÉ, den KONRAD hier übersetzt, fast gleichlautend mit der Darstellung des ALBERTUS gewesen sein muß. Das heißt, KONRAD bringt nichts, was über das

---

[1] Vgl. dazu Twb Insekten, Sp. 3f.

[2] Das Buch der Natur, hg. v. Pfeiffer (1861) 299f.

[3] Vgl. MARZELL, Wörterbuch d. deutschen Pflanzennamen 2, 491f.

Wissen der gemeinsamen Vorlage von THOMAS und ALBERTUS hinausgeht. Aber seine Darstellung wird bedeutsam durch die deutschen Namen, die er für *Lytta vesicatoria* L. überliefert: *Goldwurm* greift die Bezeichnung der oben genannten[1] Glosse des 13. Jahrhunderts wieder auf, während *Baumwurm*, das nach dem Aufenthaltsort der Käfer gebildet ist, offenbar als Prägung KONRADS angesehen werden kann.[2]

Von der breiten medizinischen Verwendung der Kanthariden, wie sie dem Altertum bekannt war, findet sich nur noch wenig in der mittelalterlichen Literatur. Es will sogar scheinen, als sei der innerliche Gebrauch der Kanthariden bei den Naturkundigen des Mittelalters in Vergessenheit geraten. Nur auf die blasenbildende Kraft der Käfer wird hingewiesen, dafür ausführlicher von ihrer Gestalt und ihrem Aussehen berichtet. Aber nicht mehr von den einfarbigen und gelbgestreiften Meloiden der Antike ist die Rede, sondern als neuer blasenziehender Käfer ist die grüngoldene Spanische Fliege entdeckt worden, die nun unter dem Namen *cantharis* beschrieben wird.

Meygelana

Neben den botanisch-zoologischen Darstellungen steht uns mit der Physica der HILDEGARD v. BINGEN auch ein medizinisches Werk des Mittelalters zur Verfügung. Den Namen *cantharis* freilich kennt die Physica nicht. Noch einmal aber sei jetzt die eingangs gestellte Frage[3] erhoben: Was ist *meygelana*? HILDEGARDS therapeutischer Anweisung läßt sich entnehmen, daß es sich um kleine, fliegende, giftige Insekten handelt; zer-

---

[1] Siehe oben S. 17.

[2] Denn JACOB v. MAERLANT, der den Liber de natura rerum unter dem Titel „Naturen Bloeme“ in mnl. Verse übertragen hat (hg. v. Verwijs [1878]), führt die Käfer nur unter ihrem lateinischen Namen *cancarides* (v. l. *candarides, caridarides*) an.

[3] Siehe oben S. 5.

stoßen in etwas Flüssigkeit eingenommen, gelten sie als Heilmittel gegen Skrofeln.

Was aber sind *scrofulae*? HÖFLER[1] hat die alten Belege für diese Krankheit gesammelt und gedeutet. Skrofeln sind zunächst die vergrößerten, angeschwollenen Halsdrüsen, dann allgemein Drüsenkrankheiten (Kropf, überhaupt Drüsenanschwellungen) „sowie die käsigen Inhalt . . . führenden Drüsen und speckigen Geschwüre der Haut und der Knochen"[2] und die Skrofelsucht (Skrofulose) als allgemeine Konstitutionsanomalie. „Die wichtigsten Symptome der Skrofulose sind Hautausschläge (Ekzeme), Schleimhautaffektionen (Katarrhe), Vereiterungen (Abszesse, Gelenkaffektionen), Augen- und Ohrenentzündungen, Schwellungen der Lymphdrüsen bis zur Vereiterung und Verkäsung derselben".[3] Es handelt sich also um knotige Anschwellungen, Ausschlag, Geschwülste, eitrige Geschwüre, und oft werden in alter Zeit auch andere Krankheiten mit ähnlichen derartigen Symptomen (z. B. Syphilis, Gonorrhoe)[4] als *scrofulae* diagnostiziert. Der von HILDEGARD verordnete Heiltrank soll in den käsigen oder eitrigen Inhalt des Geschwürs (*putredinem scrofularum*) eindringen und den Krankheitsherd aufzehren.

Denkt man zurück an die seit der antiken Medizin gegen Aussatz, Flechten, Krebs, Geschwülste und dgl. empfohlenen Kantharidenmittel, dann bestehen keine Bedenken mehr, den giftigen, aber heilkräftigen *vermiculus*, die *meygelana*, als die in der Arzneikunde wohlbekannte *cantharis* anzusehen.

Der Name *meygelana* aber ist damit noch nicht gedeutet; sein sprachlicher Inhalt 'Kantharide' verrät nichts über seine Etymologie. Doch noch an einer zweiten Stelle berichtet HILDEGARD von *meygelana*, diesmal aber in dem Abschnitt *De Plantis* (Physica 1,159)[5]: *Meygelana frigida est, et frigiditatem hanc*

---

[1] Deutsches Krankheitsnamen-Buch (1899) 654f.

[2] HÖFLER 655.

[3] Handwörterbuch d. ges. Medizin 2 (1891) 718.

[4] HÖFLER a. a. O.

[5] Migne PL 197, 1191.

habet quam terra, cum flores ad fructus producit. Et si in quolibet homine orfimae crescunt aut freyslich, aut aliquod ulcus, in quo venenum est, ille Meygelanam jejunus saepe comedat, et evanescent. Sed et qui vallendsucht habet, Meygelanam saepe comedat, et cum de eodem morbo jam super terram cadit, eamdem herbam sub lingua ejus pone, et tanto citius surget, et levius dolebit.

Auch die Pflanze *Meygelana*[1] ist ein Heilmittel, gegen *orfimae*[2] und *ulcus*, also wie die Kantharide gegen Ausschlag, Geschwüre und Geschwülste verordnet.[3] Man deutet, sich auf die Lautähnlichkeit stützend, die Heilpflanze *meygelana* allgemein als 'Majoran' (*Majorana hortensis* MOENCH).[4] Faßt man aber in dem ersten Wortteil *meyge-* das *g* als — nach *ei* häufigen — zwischenvokalischen Hiatuslaut (mit halbvokalischer Geltung?) auf[5], und sieht man im auslautenden *-a* des zweiten Wortteils lediglich eine — bei HILDEGARD übliche — latinisierende Endung, so könnte *meygelana* zu *mei(e)lan* normalisiert werden. Eine solche Wortform ist in der Tat als Pflanzenname belegt. Der Vocabularius optimus (14. Jh.)[6] gibt die Glosse *Filipendula — Meilan*. Eine um *d* (*t*) erweiterte Form dieses Namens verzeichnet ein

---

[1] Die Wolfenbütteler Handschrift G der Physica führt die hier behandelte Pflanze auch in die Rezeptur der oben genannten (S. 5) Anweisung ein und deutet *meygelana* im Innern des Textes als *herba*. Der Satz *et huic minus de pulvere Meygelanae addat* heißt in G: *et huic minus de puluere meiglane herbe addat* (s. FISCHER, Die hlg. Hildegard v. Bingen [1927] 143). Ein nachträglicher, durch die Namensgleichheit veranlaßter Zusatz?

[2] Vgl.: *venenosa glandes, id est orfimae* HILDEGARD, Phys. 1, 104 (Migne 197, 1170); HÖFLER nimmt daraufhin *orfimae* in seinen Artikel „Skrofeln" auf.

[3] Gegen die von HILDEGARD hier ebenfalls erwähnte *vallendsucht* sind möglicherweise auch Kanthariden eingegeben worden; bereits in den Schriften des ARETAEUS (1. Jh.) wird Kantharidenbehandlung der Epilepsie erwähnt (Corpus medicorum Graecorum 2,153).

[4] BJÖRKMANN, in: Zs. f. dt. Wortforsch. 6 (1904/05) 188; MARZELL a. a. O. 3, 16. Auch die Glosse *meigelana* der HILDEGARD zu *culgeia* (Wort der „lingua ignota", Ahd. Gl. 3, 402, 14) wird entsprechend als 'Majoran' aufgefaßt, s. BJÖRKMANN, MARZELL a. a. O. und vgl. STEINMEYERS Anmerkung zur Stelle.

[5] Vgl. z. B. mhd. *meie, meige* 'Mai', *reie, reige* 'Reigen'.

[6] Hg. v. Wackernagel (1847) 51.

Vocabular des 15. Jahrhunderts: *Großstainprech oder meylandt — herba filipendula.*[1] Wenn sich aber *meygelana* an *meilan(d)* anschließt, ist die bisherige Deutung 'Majoran' aufzugeben. MARZELL interpretiert *Steinbrech/Meiland* als 'Geißbart', auch 'Mädesüß' genannt (*Filipendula* MILL.).[2] Wir folgen ihm darin, rechnen aber aus den vorgetragenen Gründen auch HILDEGARDS Heilpflanze *meygelana* dazu. Der Knollen-Geißbart oder das Kleine Mädesüß (*Filipendula hexapetala* GILIB.) ist als Heilpflanze wohlbekannt; sie gilt als Mittel gegen Strangurie, vgl. die Namen *dropworz* (13. Jh.), *Tropfwurz* (1574), gegen Blasen- und Gallensteine (*Steinbrech*). Der Wiesen-Geißbart oder das Echte Mädesüß (*Filipendula ulmaria* MAXIM.) gilt als *Fieberkraut, Wurmkraut, Blutkrautwurz* („wider das Blut auswerffen"), als *Schwulst-, Geschwulstkraut* („die Blätter zertheilen die Geschwülste"), als *Miegblume* (zu *mīge* 'Harn', denn die Pflanze wirkt harntreibend), als *Krampfkraut* und wird noch gegen manche andere Beschwerden empfohlen.[3] Eine Erklärung des Namens *meilan(d)* freilich steht aus. Einen Zusammenhang mit *Mai* hält MARZELL für unwahrscheinlich.[4]

„Steinbrech" und Kantharide finden sich bei der heiligen HILDEGARD in der Therapie zusammen. Noch an anderer Stelle ist diese Verbindung von Pflanze und Tier als Heilmittel bezeugt, und zwar in einem englischen medizinischen Text von ca. 1400, wo beide nebeneinander, *saxifrage and cantarides*, als starke diuretische Arzneien gegen Nierensteine genannt werden.[5] Bei HILDEGARD aber fallen „Steinbrech" und Kantharide auch in der Namensform zusammen. Man sollte beim Käfer *meygelana* eine ähnliche Lautentwicklung erwarten wie beim gleichlautenden Pflanzennamen. Und wirklich begegnen frühe ent-

---

[1] Vocabularius theutonicus (Nürnberg 1482) n 1 b. — Weitere Belege siehe DWb 6, 1907.

[2] A. a. O. 2, 438.

[3] MARZELL 2, 439ff.

[4] A. a. O. 2, 438.

[5] LANFRANKS Science of Cirurgie, Early English Text Society 102 (1894) 278.

sprechende Pluralformen wie *Meilender* (1536)[1], *Meyenlanden* (1570)[2], *Maylender, -lander* (1571)[3], die alle einen Singular *Meiland* voraussetzen. Offenbar war diese Wortform auch damals undurchsichtig, denn daneben erscheint ein Singular *Malander, May-, Meylander* (1583)[4], *Meylander* (1603)[5], und gleichzeitig mit allen diesen Formen gar eine Umdeutung zu *Meilander kefer* (1535)[6], *Meiländischer Käffer* (1556)[7], *Meylendischer Käfer* (1586)[8], *Meilanischer Käfer* (1592)[9], *Meilandischer Käfer* (1603)[10]. Natürlich wird die unverstandene Namensform schließlich mit dem Monat *Mai* verbunden, und die Bezeichnung *meyenwurmb* (1570)[11], *Meywurm* (1603)[12], *May-Wurm* (1738)[13] als 'der im Mai erscheinende Wurm' taucht auf; sie behält Gültigkeit bis in den gegenwärtigen Sprachgebrauch[14].

Paracelsus gibt dafür eine lateinische Pluralform *melaones* und *meloes*[15], die später durch Linné als Gattungsname *Meloe* in die zoologische Nomenklatur eingeführt wird. Auch sie bleibt ihrer Herkunft nach dunkel. Hat sie als Latinisierung des deutschen Namens *meilan(d)* zu gelten?

---

1 Paracelsus, Sämtl. Werke, I. Abt. 10 (1928) 541.

2 Haushaltung in Vorwerken, hg. v. Ermisch-Wuttke (1910) 78.

3 Fischer, Schwäb. Wörterbuch 4 (1914) 1414.

4 Wirsung, Artzney Buch (1583) Reg. f1.

5 Schwenckfeld, Theriotropheum Silesiae (1603) 554.

6 Paracelsus 9, 658.

7 Frisius, Nomenclator (1556) 182.

8 Ruland, Dictionarium (1586) 904.

9 Emmelius, Nomenclator (1592) 151.

10 Schwenckfeld 520.

11 Haushaltung in Vorwerken 78.

12 Schwenckfeld 554.

13 Lesser, Insecto-Theologia (1738) 63.

14 Siehe unten S. 35ff., und vgl. Twb Insekten, s. v. *Meloe*.

15 Paracelsus 9, 647, und: Opus chyrurgicum, Wund und Artzney Buch (1566) *β* 6 b (im Onomasticum des Herausgebers Bodenstein).

Buprestis

Noch einmal führt uns die Überlieferung von der Kantharide zurück in die Antike. Unter den verschiedenen Rezepturen der Hippokratiker[1] wird die Möglichkeit eines Austauschs von fünf Kanthariden durch eine kleine oder eine halbe große βούπρηστις erwähnt, ohne daß sich die Heilkraft des verordneten Zäpfchens vermindere.[2] Die βούπρηστις ist in gleicher Weise wie die κανθαρίς anzuwenden, auch sie ohne Kopf, ohne Beine und Flügel[3], aber ihre Wirksamkeit wird für erheblich stärker gehalten, und die Kraft eines Exemplars wird der mehrerer Kanthariden gleichgesetzt. Bleiben gewöhnliche Zäpfchen erfolglos, dann sind die mit der βούπρηστις zubereiteten als die kräftigsten (ἰσχυρότατοι) zu verabreichen.[4] NIKANDER, der schon die Wirkung eines Kantharidentranks beschrieb[5], schildert danach die Folgen einer peroral eingegebenen „verhaßten" Buprestis.[6] Die Lippen des Patienten werden bleifarben, in Schlund und Magen entstehen heftige Schmerzen, und der Urin stockt. Der Leib schwillt an wie bei einem Wassersüchtigen, und die Haut spannt sich, wie sich auch der Leib des Rindviehs aufbläht, das auf der Weide eine βούπρηστις gefressen hat. Daher erklärt sich der Name des Tieres, der zu griech. βοῦς 'Rind' und griech. πρήθω 'blähe auf, entzünde' gebildet ist. Auch wenn ein Pferd mit seinem Futter eine *buprestis* verschluckt, berichtet VEGETIUS[7], bläht sich sein Leib auf (*venter ei inflatur*); es verweigert die Nahrung und leidet an Durchfall. Ihm soll daraufhin unablässig Bewegung verschafft und viel Wein eingegeben werden.

---

1 Siehe oben S. 10f.
2 HIPPOKRATES 7, 361 (De nat. mul. 32).
3 8, 158 (De mul. morb. 74).
4 8, 150 (De mul. morb. 71).
5 Siehe oben S. 11.
6 Alexipharm. 335ff.
7 Ars vet. 3, 78 (Scriptores rei rust., ed. Gesner, 2 [1774] 285f.).

DIOSKURIDES[1] schreibt der βούπρηστις dieselbe Wirkung zu wie der κανθαρίς. Sie erzeuge schwärende Wunden und werde den Heilmitteln gegen Krebs, Lepra und bösartige Flechten beigegeben; als Bestandteil von Zäpfchen sei sie geeignet, die Menses zu befördern. Die pseudodioskuridische Abhandlung De venenis[2] empfiehlt als Gegenmittel wiederum Ausscheidung der Giftstoffe durch Erbrechen und Klistier, danach den Genuß reizmildernder Getränke und Obst wie Feigen, Datteln, Birnen.

Nach PLINIUS[3] ist *būprēstis* in Italien selten (*buprestis animal est rarum in Italia*). Den weidenden Rindern ist sie gefährlich; wird sie von ihnen gefressen, so entsteht eine heftige Entzündung der Galle, die zum Bersten des Tieres führt (*fallit inter herbas bovem maxime, unde et nomen invenit, devoratumque tacto felle ita inflammat, ut rumpat*). In äußerlicher Anwendung mit Bockstalg aufgelegt, vertreibt sie Flechten durch ihre beizende, fäulnisbewirkende Kraft (*haec cum hircino sebo inlita lichenas ex facie tollit septica vi*). Der *buprestis* wird die gleiche Kraft und die gleiche Wirkung wie der *cantharis* zugeschrieben.[4] Gleichwertig nebeneinander stehen *cantharis* und *buprestis* auch als Ursache von Vergiftungserscheinungen, für die Rezepturen von Gegenmitteln empfohlen werden.[5]

GALEN fügt seinen Angaben über die κανθαρίς hinzu, daß die βούπρηστις ganz ebenso zu verwenden sei, da sie den Kanthariden in ihrer Wirkungsweise (κατὰ ... τὴν δύναμιν) gleiche.[6] PAULUS AEGINETA erklärt die βούπρηστις für verderblich; in der Beschreibung einer durch βούπρηστις hervorgerufenen Vergiftung folgt er NIKANDER. Therapeutisch werde sie wie die κανθαρίς verabfolgt.[7]

---

1 De mat. nat. 2, 61 (ed. Wellmann 1, 140).
2 Cap. 3 (Medicorum Graec. Opera, ed. Kühn 26, 2, 18ff.).
3 Nat. hist. 30, 30.
4 Nat. hist. 29, 95.
5 Nat. hist. 23, 29/30; 23, 62; 23, 87; 28, 128; 29, 105.
6 Cap. 11, 45 (Medicorum Graec. Opera, ed. Kühn 12, 364).
7 5, 30; 5, 32; 7, 3 (Corp. med. Graec. IX, 2, 27; 28; 201).

So stehen *cantharis* und *buprestis* immer wieder nebeneinander, und die eine wird durch die andere beschrieben und erklärt. ,,Der Name *Buprestis* existierte schon bei den Alten, aber wir wissen nicht für welches Thier“, schrieb RATZEBURG[1] vor 130 Jahren. Und diese Feststellung gilt im wesentlichen noch heute.[2] Doch wie in der Heilkunde der Antike *buprestis* und *cantharis* miteinander verbunden werden, so werden sie auch in Wirksamkeit und Verwendungsweise gleichgesetzt. Was von der Giftigkeit und vom therapeutischen Gebrauch der Buprestis überliefert ist, läßt den Schluß zu, daß es sich wie bei der Kantharis um ein kantharidinhaltiges Insekt, d. h. um einen Käfer aus der Familie *Meloidae* handeln muß.[3] Eine direkte Beschreibung der Buprestis wird nirgends gegeben, aber PLINIUS nennt sie ein einem langbeinigen Käfer ähnliches Tier (*animal . . . simillimum scarabaeo longipedi*)[4]. Er fügt hinzu, daß es mit dem Gras und den Grünpflanzen (*inter herbas*) leicht vom weidenden Rindvieh verschluckt werden könne. Eine heftige Leibesentzündung ist die Folge, die offenbar zum Tode führen kann. Ähnlich berichtete bereits NIKANDER. Das Rindvieh zeigt nach der Aufnahme einer Buprestis etwa die gleichen Symptome wie ein Mensch, der Kanthariden eingenommen hat.

Das Altertum kannte zwei Käfergruppen, eine einfarbige und eine gelbgemusterte, die es mit *cantharis* bezeichnete.[5] Sollte der Käfer *buprestis*, der ,,Rindsbläher“, nicht ebenfalls innerhalb

---

[1] Die Forst-Insecten 1 (1837) 50.

[2] „Ein unbestimmter und unbestimmbarer . . . Käfer“ BERENDES, Des P. Dioskurides Arzneimittellehre (1902) 172. „. . . bis jetzt noch nicht ergründet“ KELLER, Die antike Tierwelt 2 (1913) 415. „Ich glaube nicht, daß sich die Frage nach dem Buprestis des Altertums wird restlos klären lassen“ BODENHEIMER, Geschichte d. Entomologie 1 (1928) 83. Auf eine Deutung verzichtet auch FERNANDEZ, Nombres de Insectos en Griego antiguo (1959) 136f.

[3] STEIER, Aristoteles u. Plinius, Studien zur Geschichte d. Zoologie (1913) 94; GOSSEN, in: Pauly-Wissowa, Realencyclopädie d. klassischen Altertumswissenschaft 20 (1919) 1480 sowie Suppl. 8 (1956) 238f.; BODENHEIMER a. a. O.

[4] Nat. hist. 30, 30.

[5] Siehe oben S. 15f.

dieser beiden Gruppen zu suchen sein? Vieles spricht dafür, daß *cantharis* und *buprestis* — in antikem Sinne — identisch sind. Und die Mühe, die Buprestis zoologisch zu bestimmen, mußte vergeblich bleiben, solange man sie von der Kantharis abtrennte. NIKANDER erklärt, daß dieser Käfer von den Hirten Buprestis genannt wird (τὴν βούπρηστιν ἐπικλείουσι νομῆες).[1] Wir gehen noch einen Schritt weiter und sagen: Der „Rindsbläher" *buprestis* ist ein Name für *cantharis*; er kommt aus der Sprache des Landvolks, der Hirten, stand ursprünglich jenseits von Medizin und Naturkunde. Auf eine gesonderte Beschreibung der Buprestis wird überall verzichtet. Aber mehrfach wird hervorgehoben, daß Buprestes nicht nur in derselben Weise wirken wie die Kanthariden, sondern daß beide auch einander gleichen. Sie haben das Aussehen wie jene (εἶδος οὖσαι κανθαρίδων), sagt DIOSKURIDES[2]; sie sind ihnen ganz ähnlich im Aussehen (κατὰ τὴν ἰδέαν), erklärt GALEN[3]; sie ist ein kleines Tier, der Kantharis ähnlich (ζωύφιόν ἐστι τῇ κανθαρίδι παραπλήσιον), bestätigt PAULUS AEGINETA[4]. Zu der Ansicht der Hippokratiker, daß die Buprestis in ihrer Wirkung stärker sei als die Kantharis[5], konnte der Name „Rindsbläher" leicht verführen. Ein Tier, das in der Lage war, schwere Entzündungen beim Rindvieh hervorzurufen, mußte in der allgemeinen Vorstellung mehr Kraft besitzen als die am Menschen erprobte Kantharis. Die nachhippokratischen Schriftsteller vertreten diese Meinung nicht mehr; sie erklären ausdrücklich Kantharis und Buprestis in ihrer Wirkungsweise gleich.

Wenn aber für das Altertum *buprestis* und *cantharis* als Einheit anzusehen sind, dann muß die nachfolgende Naturkunde des Mittelalters, sobald sie die Bahnen der Überlieferung verläßt, um eigene Erkenntnis beizusteuern, notwendig in Schwierig-

[1] Alexipharm. 346.
[2] De mat. med. 2, 61 (Wellmann 1, 140).
[3] De simpl. medicam. temp. 11, 45 (Medicorum Graec. Opera 12, 364).
[4] 7, 3 (Corp. med. Graec. IX, 2, 201).
[5] Siehe oben S. 24.

keiten geraten. Zunächst bleibt sie freilich auf lange Strecken der Tradition verbunden und berichtet kaum mehr als das, was ihr die antiken Quellen an die Hand geben. In enger Anlehnung an PLINIUS schreibt ISIDOR, dessen etymologischen Neigungen der Name des Tieres keine Schwierigkeiten bietet: *Buprestis animal est parvum in Italia simillimum scarabaeo, longipedum. Fallit inter herbas bovem maxime, unde et nomen habet, devoratumque tacto felle ita inflammat ut rumpat.*[1] Sogar ALBERTUS, dessen Wissen über die *cantharis* die Überlieferung weit übertraf, bringt zur *buprestis* nur den leicht variierten alten Text: *Stupestris*(!) *vermis est scarabeo similis latens inter herbas et haustus a bobus viscera bovis disrumpit, dum fel comestus attigerit, habundat autem in Ytalia.*[2] Man merkt, daß dieser Darstellung keine eigene Anschauung zugrunde liegt. Abhandlungen in deutscher Sprache haben folglich keinen deutschen Namen für das Tier. Die Buprestis fehlt ganz bei KONRAD v. MEGENBERG, während der spätere ALBERTUS-Übersetzer RYFF den Namen nicht verdeutschen kann: *Stripestoris*(!) *ist ein gifftiger wurm, der ligt im graß vnd kraut verborgen, vnnd so jhne das rindtvihe mit dem futter der weid verschlickt, so geschwildt es der massen auff, mit hefftiger plehung, das es dauon zersprengt. Disen wurm sol man in Italien allenthalben in grosser menig finden.*[3] Frühe deutsche Vokabulare erklären lediglich den das Lemma bildenden Namen: *buprestis est animal parvum noxium bobus*[4]; oder in deutscher Sprache: *Ein kleiner käfer darab die rinder zerspringend wenn sy jn etwan im graaß essend;*[5] *käfer dauon die Ochsen oder Khů sterben, wann sie von jhn gebissen werden;*[6] *ein gifftig Zefer, daruan*

---

[1] Lib. XII, VIII, 5.

[2] De anim. 26, 30 (Stadler 1594).

[3] RYFF, Thierbuch (1545) Ee 1 b.

[4] Voc. opt. gemma (Deventer 1495) e 5 a; Voc. opt. gemma (Magdeburg 1495) e 5 a; Gemma gemm. (Köln 1504) C 7 b; Voc. gemma gemm. (Straßburg 1505) c 7 b; Voc. gemma gemm. (Augsburg 1512) E 1 a.

[5] CHOLINUS-FRISIUS, Dictionarium (1541) 126.

[6] GOLIUS, Onomasticon (1579) 304.

de Ossen edder köye steruen.[1] Die deutschen Bezeichnungen *Bleewurm*, *Berstling*[2] und im 18. Jahrhundert noch *Ochsenbläser*[3] sind ebenso wie englisches *burncowe*, *burstcowe*[4] lediglich Übersetzungen des griechischen Namens. Ähnlich aufzufassen sind wohl die altdeutschen Glossen aus dem 12. bis 15. Jahrhundert.[5] Sie interpretieren das Lemma *buprestis* mit *rêbestichil*, *rebestichili*, *rebestichel* (Ahd. Gl. 3, 89, 48—51), *rebestichel* (3, 204, 13), *rebestuchil* (3, 404, 48). Die Deutung *Rebenstecher* als dem Weine schädliches Insekt liegt angesichts der Überlieferung weit ab. Der Weinschädling, der Rebenstecher (*Byctiscus betulae* L.) ist ein Rüsselkäfer (Familie *Curculionidae*)[6], dessen Weibchen die Blätter des Weinstocks (und verschiedener Laubbäume) für die Eiablage zu zigarrenförmigen Röhren zusammenrollt. Mit der alten Buprestis haben Rebenstecher nichts zu tun. Man wird vielmehr davon ausgehen müssen, daß auch diese Glossatoren mit ihrer Verdeutschung *rebestichel* lediglich eine Interpretation des griechischen Namens versuchen. Der erste dieser Reihe, dem die späteren nachschreiben, wird günstigstenfalls einer Vorlage gefolgt sein, die dem Text ISIDORS ähnelte. Er mag seine Namensform *rebestichel* an das deutsche Wort *Reb*(*e*) 'Eingeweide' und an das gleichbedeutende Kollektivum *Gereb* angeschlossen[7] und in dem Käfer — nicht unzutreffend — den 'Eingeweidestecher' gesehen haben.

Aber alle diese genannten Angaben aus Mittelalter und Neuzeit sind traditionsgebunden; *buprestis* war ein nur auf dem Papier

---

1 CHYTRAEUS, Nomenclator (Rostock 1585) 379.

2 ZEHNER, Nomenclator (1663) 276.

3 GOEZE, Geschichte schädlicher Insekten (1787) 113.

4 MOUFETUS, Insectorum sive Minimorum Animalium Theatrum (1634) 141.

5 Siehe Twb Insekten, s. v. *Meloidae*.

6 Twb Insekten, Sp. 241 ff.

7 *Gereb* n. 'die oberen 'Eingeweide' DWb 4, 1, 2, 3592; *Gereb*, *Greb*, *Kreb* SCHMELLER, Bayerisches Wb. 2, 6; *Krebe* m. 'Eingeweide' DWb 5, 2127; *Kreb*, *Kröb* n. SCHÖPF, Tirolisches Idiotikon 342; *Gröb* UEBERFELDER, Kärntnerisches Idiotikon (1862) 120. Dazu vgl. mhd. *herzerebe*, *hirnrebe*, *-ribe* LEXER, Mhd. Hwb. 1, 1274 und 1304.

bekanntes Tier. Eine Ergänzung oder eine Erweiterung der überlieferten Zeugnisse oder gar eine selbständige Darstellung, die eigene Erfahrung und Anschauung vermuten läßt, finden sich nirgends. Selbst die zunächst auffallende Erläuterung des VEGETIUS, der die Buprestis spinnenähnlich nennt (*bestiolae etiam quae appellantur buprestes, araneae similes, cum deuoratae fuerint, animal praefocant*)[1], eine Meinung, die auch eine spätantike Glosse vertritt (*bubestris animal araneę simile*)[2], weckt den Verdacht, lediglich die von PLINIUS (und ISIDOR) vertretene Langbeinigkeit des Tieres auf ihre Weise auszulegen. Weil RYFF diesen Käfer nicht kennt, lokalisiert er ihn in Italien, wo man ihn *allenthalben in grosser menig finden* soll[3], obwohl ihn doch PLINIUS für *rarum in Italia* erklärte. Mit dem beginnenden Mittelalter bleiben die „aktiven" Zeugnisse für die Buprestis aus. Die Neuzeit resigniert freimütig in der Beantwortung der Frage nach der alten Buprestis.[4] Aber schon viel früher bleibt — wenngleich uneingestandenermaßen — die Frage offen. Wenn man nicht eine ausgestorbene Art hinter der antiken Buprestis annehmen will, kann man in dieser Überlieferungsgeschichte eine weitere Bestätigung für die Behauptung finden, daß *buprestis* ein anderer, ein zweiter Name für *cantharis* war.

Spätere Quellen bringen neue Namen für *buprestis*. Sie brechen mit der Tradition, indem sie das Insekt auf ihre Art deuten und bekannte Tiere substituieren, die nach ihrer Vorstellung gemeint sein könnten. Man weiß, daß die Buprestis die gleiche Wirkung zeigt wie eine Kantharide, also ein kantharidinhaltiger Käfer ist (*e cantharidum genere*).[5] Unter *cantharis* aber verstand man die Spanische Fliege[6], die sich durch ihre grüngoldene Farbe und durch ihren strengen Geruch auszeichnete. Man meint daher,

---

[1] Ars vet. 3, 15 (Gesner 2, 255).
[2] Corp. Gloss. Lat. 5, 493, 16.
[3] Siehe oben S. 28.
[4] Siehe oben S. 26, Anm. 2.
[5] EBER-PEUCER, Voc. rei numm. (1559) E 4 a.
[6] Siehe oben S. 16ff.

daß die Buprestis ein *grüner, stinckender käfer*[1] sei, und sie wird schließlich zum *Stinck-Kefer*[2] schlechthin. Den grünen Stinkkäfer glaubt man zu kennen; man sieht darin die Beerenwanze (*Dolycoris baccarum* L.), die Grüne Stinkwanze (*Palomena prasina* L.) oder verwandte Arten aus der Familie der Schild- oder Stinkwanzen (*Pentatomidae*). Diese Stinkwanzen sondern einen widerlichen Geruch ab. Sie sitzen an verschiedenen Gartengewächsen, besonders gern am Beerenobst, dessen Früchte sie mit ihrem stinkenden Körpersaft verunreinigen und für den menschlichen Genuß verderben. Giftiges Kantharidin freilich enthalten sie ebensowenig, wie sie dem Rindvieh gefährlich sind. Dennoch erklärt LESSER unter ausdrücklicher Berufung auf die bekannte PLINIUS-Stelle: *So giebt es eine Art gewisser grüner Graß-Wantzken* (*Buprestes dicuntur*), *welche, wenn sie ohngefehr von dem Vieh gefressen werden, machen, daß es davon aufschwillet, und gar endlich stirbet.*[3] Wo die überlieferte *buprestis* interpretiert werden muß, wird sie als Stinkwanze aufgefaßt und erhält deren Namen: *Swalster*[4], *Qualster*[5], *Knoelster*[6], *Knolster*[7], und *Gauch* oder *Gauchkäfer*[8]. Von einer medizinischen Verwendung ist dabei nicht mehr die Rede.

---

[1] FRISIUS, Nomenclator (1556) 62; HENISCH, Thesaurus (1616) 1372; DENTZLER, Clavis ling. Lat. (1686) 96; ALER, Dictionarium 2 (1727) 1561; FRISCH, Teutsch-Lat. Wörterbuch (1741) 1, 325.

[2] FRISCH 1, 506. — Vgl. dazu Twb Insekten, Sp. 94f.

[3] LESSER, Insecto-Theologia (1738) 438.

[4] (15. Jh.) DIEFENBACH, Glossarium 84.

[5] (15. Jh.) DIEFENBACH a. a. O.; EBER-PEUCER (1559) E 4 a; FRISCHLIN, Nomenclator (1586) 69; EMMELIUS, Nomenclator (1592) 151; DECIMATOR, Sylva vocab. (1606) 577; ZEHNER, Nomenclator (1663) 276; ALER (1727) 2, 1561; FRISCH (1741) 2, 75. — Vgl. *Qualster* 'zäher Schleim' DWb 7, 2312; 'stinkende Baumwanze' Brem.-niedersächs. Wb. 3 (1768) 393; DANNEIL, Wb. d. altmärk.-plattdt. Mundart (1859) 165; Rhein. Wb. 6 (1944) 1282; MENSING, Schlesw.-Holst. Wb. 4 (1933) 5.

[6] JUNIUS, Nomenclator (1567) 85; DECIMATOR (1606) 577.

[7] ZEHNER (1663) 276.

[8] FRISIUS (1556) 62; JUNIUS (1567) 85; RULAND, Dictionarium (1586) 904; HENISCH (1616) 1372; FRISCH (1741) 1, 325. — Vgl. *Gauch* 'Beeren-, Blatt-

So verbinden sich die Namen der Stinkwanzen fest mit der alten Buprestis. Sie bleiben ihr auch dort, wo man sich erneut dem antiken Text zuwendet und ihn zu erläutern sucht. Manche, die zu den alten Quellen zurückgehen, wissen, daß *buprestis* keine Stinkwanze ist; sie lassen ihr dennoch deren Namen und nennen sie nach allgemeiner Gepflogenheit weiterhin *Qualster*, *Gauch(käfer)* u. dgl., da auch sie den Käfer nicht deuten und daher nicht korrekt mit einem ihm eigenen Namen benennen können. So wird in einer Sammlung naturkundlicher Schriften die *Buprestis Italica* des PLINIUS wieder aufgegriffen und als *Grün-Käfer* und *Qualster* bezeichnet, *der mit dem Grase leichtlich eingeschlucket zu werden, alsbald aber auch zu inflammiren, auffzuschwellen, und den gähen Tod nach sich zu ziehen pflegt.*[1] Auch FRISCH nennt an einer Stelle den Namen der Stinkwanze, interpretiert ihn jedoch als kantharidinhaltigen Käfer mit dem aus den alten Quellen überkommenen Wissen: *Gügen, eine Art stinckender Käfer, cantharis, scarabaeus, wird ein stinckender seyn, als die schwarzen, sonderlich die Spanischen Fliegen, und buprestis.*[2] Ähnlich erklärt ADELUNG den Namen *Gauch* einmal als Stinkwanze, zum anderen als Spanische Fliege.[3] Mit der Blüte der Naturwissenschaft des 18. Jahrhunderts kommt dann die Erkenntnis, daß die alte Buprestis keine Stinkwanze ist, und auch der Zweifel, welcher Käfer darunter zu verstehen ist.[4] Die Buprestis bleibt von da an in der deutschen Sprache namenlos.

---

wanze', *Gäch, Gack* 'Baumwanze' Schweiz. Idiotikon 2, 103f.; *Gägg* 'Beerenwanze' ebda 165; *Gachel* 'Baumwanze' HÖFER, Etymol. Wb. (Österreich) 1 (1815) 257; *Gauch* 'Baumwanze' MARTIN-LIENHART, Wb. d. elsäss. Maa. 1 (1899) 197.

[1] Sammlung von Natur- und Medicin-... Geschichten (Herbst 1717) 187.

[2] Wb. 1, 381.

[3] Versuch eines vollst. gramm.-krit. Wörterbuchs d. hochdt. Mundart 2 (1775) 430.

[4] Einer der ersten, der seine Zweifel über die Buprestis geäußert hat, scheint bereits ALDROVANDI (De Animalibus Insectis, 1602) gewesen zu sein. Er gesteht, er möchte selbst gern wissen, welches Tier damit gemeint sei, denn leider erlaube keine Beschreibung eine Identifizierung, siehe BODENHEIMER 1, 269.

Spanische Fliegen und Maiwürmer

Durch die Vermittlung der Araber kommen die Kenntnisse der antiken Medizin wieder nach Europa. Erneut werden Kanthariden als beliebtes und häufig gebrauchtes Mittel empfohlen gegen Ausschlag, Geschwülste, Krebs, auch gegen Haarausfall und Läuse; sie werden verordnet bei Dysurie, Hämaturie, sie gelten als Emenagogum sowie als Mittel zur Ausstoßung einer toten Frucht.[1] Das Werk des Ibn Sina (Avicenna), das einen großen Einfluß auf die europäische Medizin ausgeübt hat, nennt — soweit sich erkennen läßt, zum ersten Male — Kanthariden als Heilmittel bei Tollwut.[2] Vom 16. Jahrhundert an ist der Gebrauch von Kanthariden bei chronischen Hautkrankheiten, bei Hydrophobie, Gonorrhoe, Nieren- oder Blasensteinen sowie als Wurmmittel bezeugt; sogar als Abortivum und als Aphrodisiacum werden sie eingegeben.[3] Ihr Gebrauch als sexuelles Stimulans, verabfolgt in Liebestränken oder -pulvern, ist in der Laien- und Volksmedizin weit verbreitet.[4] Schließlich treten noch Sterilität, Hydrops, Icterus, Kolik, Asthma, Rachitis, Gicht und immer wieder (besonders seit dem 17. Jahrhundert) Tollwut in die Reihe der Krankheiten, die eine Behandlung mit Kanthariden erfahren. Jahrhundertelang wurden mit diesen Käfern „fast alle Vesicatoria oder Blasen-Pflaster gemachet“[5], und sie erhalten die Namen *Pflasterkäfer*, *Blasenkäfer*, *Ziehkäfer*.[6] Sie werden endlich „bey der Narrheit empfohlen und haben völlige Hülfe geleistet“.[7] Die Zahl der medizinischen Schriften

---

1 Bodenheimer 1, 138ff.
2 Steidel 10.
3 Steidel 11.
4 Handwörterbuch d. deutschen Aberglaubens 4 (1931/32) 965.
5 Woyt, Schatz-Kammer (1716) 156.
6 Twb Insekten, s.v. *Lytta vesicatoria*.
7 Dehne, Versuch einer vollständigen Abhandlung von dem Maywurme und dessen Anwendung in der Wuth und Wasserscheu (1788) XX.

und Dissertationen über ihre Verwendung nimmt ein nicht mehr übersehbares Ausmaß an. Die Kanthariden gewinnen den Charakter eines Universalheilmittels. Dabei werden unterschieden — mindestens seit PARACELSUS — die Spanischen Fliegen (*cantharides*) einerseits und die Maiwürmer (*melaones* oder *meloes*) andrerseits.

Seit dem Mittelalter sind *cantharides* die grüngoldenen Spanischen Fliegen (*Lytta vesicatoria* L.).[1] Sie werden daher interpretiert als *vermis terrenus viridis, auri colore superlucens*[2], als *scarabaeus luteo auri colore lucens*[3], als *muscae uirides*[4] und *muscae Hispanicae*[5]. Die deutschen Namen setzen den mittelalterlichen Gebrauch[6] fort: *Goldwurm*[7], *Goldwibel*[8], *Goldkäfer*[9], *Grünkäfer*[10], *Grünfliege*[11]. Bald kommt der Name *Spanische Fliege* (in oberdeutschem Wortgebrauch *Mucke, Mücke*) auf[12], der dem Käfer in der Hochsprache und der deutschen zoologischen Fachsprache erhalten bleibt. Die seriöse Medizin wie die Volks-

---

[1] Siehe oben S. 16 ff.

[2] CALEPINUS, Dictionarium (1553) 91.

[3] KILIAN, Dictionarium (1605) 157.

[4] EBER-PEUCER E 4 b.

[5] HEINSIUS, De Cantharidibus (1694) 5.

[6] Siehe oben S. 17 ff.

[7] *Goldworm* TOXITES, Onomasticon (1574) 63; *Goldwürmlin* SCHWENCKFELD (1603) 520; *Goldwürmchen* BRANDT-RATZEBURG, Medizin. Zool. 2 (1833) 116.

[8] DRYANDER, Steinwehtum (1538) B 2 a.

[9] *Goldkäfer* GERSDORFF, Wundartzney (1542) 80; *Goldkefer* EBER-PEUCER (1559) E 4 b; *Goldkäfer* PARACELSUS, Opera (1616) 1, 1122; *Gold-Keferlein* WOYT (1716) 156.

[10] *gryenkeferlin* BRACK, Voc. rerum (1489) i 1 a; *Grüne Kefferlen* WIRSUNG, Artzney Buch (1584) 751; *Grünkäfer* DECIMATOR (1606) 577; *Grüner Käfer* FRISIUS (1556) 62; FRISCH (1741) 1, 506.

[11] *Grünflige* TOXITES (1574) 63; *Grün Fliege* HENISCH (1616) 1763.

[12] *Spanische Mucken* SEBIZ, Siben Bücher von d. Feldbau (1580) 155. *Spanische Mucke* ZEHNER (1663) 276. *Spanische Flege* CHYTRAEUS (1585) 379; *Spanische Fliege* SCHWENCKFELD (1603) 520. Auch *Spannische Keferlin* WIRSUNG (1584) Reg.

medizin verwenden die Käfer gleichermaßen. Sie werden gesammelt und zusätzlich, da die in Deutschland gefundenen Exemplare nicht ausreichen, aus Spanien importiert, danach „in ein glas vermacht"[1] und „seynd ... in allen Apotecken gemein".[2]

Mit den Spanischen Fliegen konkurrieren in Deutschland die Maiwürmer, die alten *Meilender*, zuerst erwähnt bei der heiligen HILDEGARD als *Meygelanae.*[3] Auch sie enthalten Kantharidin und wirken blasenziehend auf der Haut, so daß beide, *cantharides* und *meilender*, zu den Tieren zählen, *die da platern* [d. i. Blasen] *brennen*[4]. Die Maiwürmer sind vertreten durch mehrere Arten dunkelblauer bis schwarzer Käfer, heute zusammengefaßt in der Gattung *Meloe* L. Ihre Größe bewegt sich zwischen 5 und 40 mm, sie sind plump und dick, von wurmartiger Gestalt. Ihre stark verkürzten Flügeldecken, deren Enden auseinander klaffen, bedecken nur einen geringen Teil des Hinterleibs. Flügel fehlen völlig; die Käfer sind fluguntüchtig. Sie erscheinen im Frühjahr (April, Mai, Juni) und bewegen sich schwerfällig kriechend im Grase, die trächtigen Weibchen mit einem von der Masse der Eier (2000 bis 4000 Stück) unförmig aufgetriebenen Hinterleib.[5] Bei Beunruhigung sondern die Maiwürmer aus den Beingelenken einen gelben, öligen, kantharidinhaltigen Saft (Hämolymphe) ab. Die Namen *Ölkäfer*, *Schmalzkäfer*[6] sind darauf zurückzuführen.

In der Heilkunde werden sie infolge ihres Kantharidingehalts weithin wie die Spanischen Fliegen verwendet. Die Maiwürmer werden „in der Gonorehee, in der Wassersucht und gegen die Gicht, den Stein, auch bey langausbleibendem Monathlichen der Weiber u. a. damit verwandten Uebeln öfters gebraucht und

[1] (1570) Haushaltung in Vorwerken 199.
[2] WIRSUNG (1584) 751.
[3] Siehe oben S. 5.
[4] PARACELSUS 10, 541.
[5] HORION, Käferkunde (1949) 150.
[6] Twb Insekten, s. v. *Meloe.*

anempfohlen".[1] Doch scheinen sie in der Volksmedizin in Heilverfahren bei Mensch und Tier bekannter als die Kanthariden und diesen vorgezogen worden zu sein. Der Maiwurm gilt „dem Landmann als ein gemeines Viehmittel . . . Er giebt einen dieser Käfer im Frühjahr dem melkenden Vieh, in Meinung davon desto mehr Nutzen zu haben".[2] Als sich im 17. und 18. Jahrhundert die Medizin mit dem Maiwurm als einem vorzüglichen „Specificum gegen den tollen Hundsbiß"[3] befaßt, wird immer betont, daß er ein altes Rezept sei, seit langem „bey verschiedenen Landleuten als sicheres Hülfsmittel gegen die schrecklichen Folgen des Bisses von tollen Thieren bekannt".[4] Vielfach wird angeraten, die Käfer zu trocknen, zu pulverisieren und das Pulver in Wein zu trinken. Eine andere Rezeptur besagt, die Maiwürmer in Honig oder in Öl einzulegen und die Tinktur teils mit, teils ohne die Käfer einzunehmen. „Es ist wahr, die Wirkung ist bisweilen schrecklich heftig", die Patienten leiden an „Brechen, Durchfall, Harnstrenge und Blutharnen mit heftigen Schmerzen".[5] Doch gibt es „kein Mittel . . . welches ein größeres Vertrauen verdiente", und „die Furcht für Wuth und Tod überwieget die Furcht der heftigen Schmerzen".[6]

Man weiß, daß die Maiwürmer „eben so gut wie die Canthariden, als Gift wirken".[7] Spanische Fliegen und Maiwürmer gehören als wohlbekannte Mittel zur Pharmazie, und das beiden innewohnende Kantharidin führt zu den gleichen Vergiftungserscheinungen. Oft wird daher auf eine exakte Unterscheidung beider verzichtet, und *cantharis* wird zwar als *viridis scarabaei genus* bezeichnet, aber sowohl als *Goldkäfer* als auch als *Mei-*

---

[1] Dehne 67.

[2] Fränkisches Archiv 2 (1790) 175.

[3] Ungnad, Der Maywurm ein Mittel wider den tollen Hundsbiß (1783) 5.

[4] Dehne 344.

[5] Ungnad 20.

[6] Ungnad 21.

[7] Dehne 193.

landischer Käfer interpretiert.[1] Auch WOYT unterliegt diesem Sprachgebrauch, wenn er erklärt: *Cantarelli sind Fliegen, als Spanische Fliegen oder Kefer, ... in unserer teutschen Sprache heissen sie Meyen-Würme.*[2] Von Kennern wird eine derartige Vermischung der Namen gerügt.[3] Vielleicht ist schon der erste Beleg deutscher Sprache, HILDEGARDS *meygelana*[4], in diese Reihe zu stellen. Denn der Name schließt sich an *meloe* und *Meilan(d)*, an den fluguntüchtigen Maiwurm an; er steht aber in HILDEGARDS Physica unter den fliegenden Insekten, was auf die Vorstellung der Spanischen Fliege deuten könnte.

Oft wird die Wirkung von Spanischen Fliegen und Maiwürmern in realistischen Farben beschrieben. „Sie machen an der Haut Entzündung und Blasen, wirken, von der Haut eingesogen, im Blute auf die Harnwege, entzünden diese, bringen blutigen Harnfluß, Wahnwitz, Krämpfe und den Tod ... Innerlich gebraucht, entzünden sie die Harnwege noch mehr, und bringen den Tod zu Wege.“[5] Das ist dasselbe, was schon die Alten von ihrer *cantharis* und *buprestis* zu sagen wußten. Einzelne Krankengeschichten werden aufgezeichnet: „Nicht selten hat nach dem Gebrauche dieser Mittel der Kranke auf die fürchterlichste Art sein Leben verlohren ... Wurde in andern Fällen auch das Leben verschonet: so wurde doch die Gesundheit auf die merklichste Art zerrüttet ... Ein Mann von 43 Jahren nahm ... einen ganzen Maiwurm ... ein ... Nach Verlauf von vier Stunden empfand der Kranke ein heftiges Kneiffen und Schneiden im Unterleibe. Dieser Schmerz, welcher mit jeder Minute zunahm, griff besonders die Blase und den Mastdarm aufs heftigste an. Der Kranke wurde von den heftigen Schmerzen ganz wie unsinnig; er wältzte sich im Bette, stand bald auf dem Kopfe, bald auf den Füssen, und hatte einen beständigen

[1] JUNIUS (1567) 83; ähnlich RULAND (1586) 904; EMMELIUS (1592) 151 u. a.
[2] Schatz-Kammer (1716) 156.
[3] DEHNE 74.
[4] Siehe oben S. 5 und S. 19ff.
[5] HALLEN, Gifthistorie (1787) 79.

Andrang zum Urinlassen und Stuhlgange, ohne jedoch das geringste ausleeren zu können. Er war seiner Sinne beraubt und redete irre. Das Gesicht sahe blaß aus und war aufgetrieben; die Augen waren wild und ragten hervor ...“[1] — Das möge genügen. Eine solche barbarische Wirkung hält andere nicht davon ab, im Maiwurm ein „vortrefliches Hülfsmittel“, ja ein „göttliches Mittel“[2] zu sehen. Man rät, die Käfer nur nach ärztlicher Vorschrift und unter ärztlicher Aufsicht einzunehmen. Zusätzlich sollen dem Patienten reizmildernde Flüssigkeiten, Milch, Schleimsuppen verabreicht werden, um die verheerende Wirkung zu mindern. Trotz diesen Vorsichtsmaßnahmen rechnet man mit Schmerzen über mehrere Tage. Und man tröstet sich: „Zweifelhafte Hülfe ist doch jederzeit besser, als gar keine.“[3] Doch hat es niemals an Ärzten gefehlt, die vor den Kanthariden warnen und die sie verwerfen. Man wird allmählich bedenklicher und schränkt ihren Gebrauch ein. Die neueste Zeit hat die innere Anwendung von Kanthariden gänzlich aufgegeben, da bei unvorsichtigem Gebrauch schädliche Folgen nicht ausbleiben können. Überdies wird der lange überschätzte Heilwert der Kanthariden nicht mehr anerkannt; für alle früher einer Kantharidenbehandlung unterworfenen Krankheiten stehen bessere und vor allem weniger drastische und gefährliche Heilmittel zur Verfügung. Lediglich das in Wirkungsgrad und Stärke genau dosierbare Kantharidinpulver wird noch gebraucht, vorzugsweise in äußerlicher Anwendung, „um örtlich zu reizen und nach der Haut abzuleiten, die Nerven der Hautcapillaren anzuregen“.[4]

Verschiedene Wege geht der alte Name *cantharis*. Seine aristotelische Bedeutung ‘Käferchen’[5] wird wieder aufgenommen und erhält eine Zeitlang terminologisch-begriffliche Geltung, als

---

[1] MÜNCH, Pract. Abhandlung von der Belladonna (1785) 244f.

[2] DEHNE 247.

[3] UNGNAD 8.

[4] HAGER, Handbuch d. pharmaceutischen Praxis 1 (1876) 707.

[5] Siehe oben S. 10.

die Gruppe der Käfer in zwei Bereiche gegliedert wird, in *scarabaei* und *cantharides*, d. h. in große und kleine Käfer.[1] Dagegen hält sich LINNÉ an den bei den Medizinern üblichen Gebrauch des Wortes und nennt das Genus, dem er die Spanische Fliege (damals *Cantharis officinarum* genannt[2]) zuordnet, zunächst *Cantharis* (1735). Er zählt zu diesem Genus auch eine große Zahl anderer kleinerer (jedoch nicht kantharidinhaltiger) Käfer, besonders die sogenannten 'Weichkäfer'. Auf diese Weise entsteht eine sehr weit gefaßte, aus heterogenen Elementen zusammengesetzte Gattung, zu deren Auflösung sich LINNÉ später gezwungen sieht. Er nimmt daher die Spanische Fliege und verwandte Arten aus dem Genus *Cantharis* heraus und stellt sie (mit den verwandten Maiwürmern) zu einem eigenen Genus *Meloe* zusammen (das bald erneut in *Lytta* F. und *Meloe* L. aufgeteilt wird). Der Name *Cantharis* L. verbleibt dabei innerhalb des zoologischen Systems den Weichkäfern und ist damit von seiner ursprünglichen Bedeutung gelöst. Die kantharidinhaltigen Käfer (Spanische Fliege, Maiwurm und andere) sind infolgedessen heute in der Familie *Meloidae* zusammengefaßt; auf der anderen Seite bewahrt die Familie *Cantharidae* zwar den alten Namen, enthält aber keine Käfer mehr, die den *cantharides* der Mediziner und Pharmazeuten entsprechen. Denn Medizin und Pharmazie folgen dem Wandel innerhalb der zoologischen Fachsprache nicht. Offizinell behalten Spanische Fliegen den alten, 2000jährigen Namen, bleiben als *Cantharides* bestehen und werden unter diesem Namen noch heute als Lieferanten des Kantharidins angeführt und in Apotheken gehandelt.

---

[1] Z. B. ALDROVANDI, De Animalibus Insectis (1602) und diesem folgend SCHWENCKFELD, Theriotropheum (1603). — Vgl. Twb Insekten, Sp. 64.

[2] MOUFETUS, Insectorum sive Minimorum Animalium Theatrum (1634) 145, dem LINNÉ in der 1. Auflage seines Systema Naturae (1735) folgt.

Zum ,Wörterbuch der deutschen Tiernamen' sind folgende Beihefte lieferbar:

Käfer

Von Dr. WOLFGANG PFEIFER

2., durchgesehene Auflage 1966. 34 Seiten — MDN 5,60

Diese Arbeit untersucht den Begriff „Käfer". Das Wort bezeichnet im Mittelalter als Übersetzung von griechisch-lateinisch „bruchus" die Heuschrecke. Erst in jahrhundertelanger Entwicklung gewinnt die Bezeichnung „Käfer" ihren jetzt üblichen Sinn und verdrängt den alten, noch heute in deutschen Mundarten geläufigen Namen „Wibel".

Schabe

Von Dr. WOLFGANG PFEIFER

1965. 40 Seiten — MDN 5,60

Das zweite Beiheft deutet die lateinischen Namen „blatta, tinea, teredo", die gemeinsam mit ihrer späteren deutschen Übersetzung „Schabe" sehr verschiedenen Tieren zugeordnet werden. Die sprachliche Untersuchung bestätigt von der Namengebung her die zoologische Annahme, daß die sogenannte Küchenschabe, die im Altertum bereits im Mittelmeergebiet heimisch war, erst im 17. Jahrhundert nach Mitteleuropa eingewandert ist. Bis dahin ist altes lateinisches „blatta" von den deutschen Übersetzern weithin falsch interpretiert worden.

Die Namen der Libelle

Von Dr. GEORG NITSCHE

1965. 41 Seiten — MDN 5,90

Behandelt werden die deutschen Namen der Libelle (Odonata). Unter Berücksichtigung der Lebensformen und -gepflogenheiten der Libelle werden die Namen gedeutet und erklärt, nach Benennungsmotiven zusammengestellt und geordnet. Das reichhaltige Material gibt Aufschluß darüber, wie sorgfältig die Beobachtungsgabe des Volkes Einzelheiten der Lebensgewohnheiten dieser Insekten beachtet und zur Namengebung heranzog. Ein zweiter Teil der Untersuchung stellt die deutschen Libellen-Namen denen anderer Sprachen gegenüber.

Bestellungen durch eine Buchhandlung erbeten

AKADEMIE-VERLAG · BERLIN

FSC
www.fsc.org
MIX
Papier | Fördert
gute Waldnutzung
FSC® C083411

Kolibri 360 GmbH
Ferdinand-Jühlke-Straße 7
99095 Erfurt, Deutschland
produktsicherheit@kolibri360.de